ADELBERT VON CHAMISSO
ALS NATURFORSCHER

REDE

ZUR

FEIER DES LEIBNIZISCHEN JAHRESTAGES
IN DER AKADEMIE DER WISSENSCHAFTEN
ZU BERLIN

AM 28. JUNI 1888

GEHALTEN

VON

EMIL DU BOIS-REYMOND

LEIPZIG
VERLAG VON VEIT & COMP.
1889

ADELBERT VON CHAMISSO

ALS NATURFORSCHER

ADELBERT VON CHAMISSO
ALS NATURFORSCHER

REDE

ZUR

FEIER DES LEIBNIZISCHEN JAHRESTAGES
IN DER AKADEMIE DER WISSENSCHAFTEN
ZU BERLIN

AM 28. JUNI 1888

GEHALTEN

VON

EMIL DU BOIS-REYMOND

LEIPZIG
VERLAG VON VEIT & COMP.
1889

Druck von Metzger & Wittig in Leipzig.

Im Schmerze wird die neue Zeit geboren:
Sie wird nach Männern, so wie du, begehren.
CHAMISSO.

Es ist eine oft genug, auch an dieser Stelle, beklagte Folge der raschen Erweiterung der menschlichen Kenntnisse während der letzten Jahrhunderte, dass bei der naturgemäss sich gleichbleibenden Fassungskraft und Leistungsfähigkeit der Einzelnen eine immer weitergehende Spaltung der Einsichten und der geistigen Arbeit überhand nimmt. Immer schmaler, auf immer kleinere Ziele hinführend, immer strenger geschieden werden die Pfade, welche Gelehrte und Forscher wandeln, und wenn auch dergestalt genaue Ermittelungen in unermesslicher Anzahl sich häufen, so vermisst der geschichtliche Blick in neueren Zeiten doch ungern solche Briareischen Riesengestalten wie die, welche wir heute wieder einmal feiern. Männer wie LEIBNIZ geben nicht allein durch ihren weiten Ueberblick und ihr zusammenfassendes Vermögen einen Begriff vom menschlichen Intellect in einer seiner höchsten

Erscheinungsweisen. Nicht bloss geht in ihrem Geiste durch das Zusammentreffen mannigfacher Einsichten gleichsam eine gegenseitige Befruchtung der verschiedenen Disciplinen vor sich. Nicht nur bilden sie, an sich einer Akademie vergleichbar, ein Band der Vereinigung zwischen gelehrten Arbeitern auf weit entlegenen Gebieten der Erkenntniss. Sondern indem sie nach vielen, auch dem gewöhnlichen Sinne zugänglicheren Richtungen ihre Wirkung erstrecken, verschaffen sie der Wissenschaft ausgedehntere Theilnahme, als ihr sonst zugewendet zu werden pflegt. In ihrer Person huldigt, ehrfürchtig staunend, die Menschheit der Wissenschaft, und so bleiben sie im allgemeinen Bewusstsein als Marksteine des menschlichen Fortschrittes stehen, wenn die Wogen der Vergessenheit längst über den Urhebern der gediegensten Einzelforschungen zusammenschlugen.

Täuschen wir uns nicht: das einzige Mitglied der physikalisch-mathematischen Classe der Akademie, welchem in Berlin bisher ein öffentliches Denkmal errichtet wurde, Alexander von Humboldt, verdankt diese Auszeichnung nicht den fachwissenschaftlichen Leistungen, durch die sein Gedächtniss in diesem Saale lebendig ist, sondern den grossen Erinnerungen, die sich nebenher an seinen Namen knüpfen, seinen hinreissenden Naturgemälden, der von ihm ausstrahlenden Begeisterung für das Wahre und Schöne, der Weltstellung ohne Gleichen, in welcher seine lange und glückliche Laufbahn gipfelte.

In wenigen Wochen soll dem Vernehmen nach einem zweiten Mitgliede der physikalisch-mathematischen Classe auf öffentlichem Platze unserer Stadt ein Denkmal sich erheben; einem Manne, der, wenn auch sein Ruhm nicht mit HUMBOLDT'schem Maasse gemessen werden darf, diesem ragenden Vorbilde doch in der Universalität seiner geistigen Interessen, der Mannigfaltigkeit seines Schaffens, seiner Stellung zwischen zwei Nationen vergleichbar ist: unserem ADELBERT VON CHAMISSO. Aber freilich, nicht unserem CHAMISSO, dem Naturforscher und Reisenden, wird das endlich zu Stande gekommene bescheidene Denkmal auf dem Monbijouplatze gelten, sondern auch diesmal seinen anderweitigen Vorzügen und Trefflichkeiten: der phantastisch reizvollen Gestalt des französischen Edelmannes, der durch merkwürdigste Schicksalsfügung und Entwickelung ein ganzer Deutscher und ächter Berliner, eine Zierde der deutschen Litteratur und insbesondere des litterarischen Berlins ward, mit Einem Worte, dem Dichter CHAMISSO.

Uns aber, seinen Nachfolgern in dieser wissenschaftlichen Körperschaft, ist es unmöglich, bei diesem Anlass nicht der Seite zu gedenken, durch welche er zu uns in Beziehung steht, wenn er auch, früh hinweggerafft, der Akademie nur kurze Zeit, wenig über drei Jahre, angehört hat. Von ALEXANDER VON HUMBOLDT und KUNTH am 16. März 1835 in der Classe vorgeschlagen, am 27. April in der Classe, am 7. Mai in der Gesammtakademie gewählt, am 28. Juni vom Könige bestätigt[1], schied er, nur siebenundfünfzig Jahre alt, schon wieder aus durch den Tod am 21. August 1838. dem Tage, dessen fünfzigste Wiederkehr in diesem Jahre durch die Enthüllung seines Denkmales gefeiert werden soll.[2] Leider finden sich, CHAMISSO's Wahl betreffend, in unserem Archive nur jene Daten. HUMBOLDT's und KUNTH's Vorschlag ist nicht von Motiven begleitet. CHAMISSO's Antrittsrede, PAUL ERMAN's, des physikalischen Classensecretars, Antwort oder, wie sie in den alten Statuten hiess, Einführungsrede sucht man vergebens im gedruckten Bericht über die LEIBNIZ-Sitzung 1836. Was auch befremdet, unsere Denkschriften enthalten keine naturwissenschaftliche Mittheilung CHAMISSO's, sondern, als ein Zeichen seiner seltenen Vielseitigkeit, nur seine in der Gesammtsitzung am 12. Januar 1837 gelesene Abhandlung über die Hawaiische Sprache. Dies erklärt sich aus seinem Gesundheitszustande während der letzten Lebensjahre; er nannte sich selber einen fast alten, kranken und müden Mann. Doch konnte er auf zwei Jahrzehnde rüstigen

Schaffens zurückblicken, während welcher er an mehreren Punkten der Naturwissenschaft bedeutende Spur hinterliess, und es ziemt sich wohl, wie mir däucht, Einiges davon dem heutigen Geschlecht in Erinnerung zu bringen, dem im Drange der Tagesarbeit die rühmliche Kunde der Vorzeit ja mehr und mehr verloren geht.

Auf welchen Wegen, durch welche Wandlungen der Emigrantensohn CHAMISSO, der Edelknabe der Königin Gemahlin FRIEDRICH WILHELM's II., von Stufe zu Stufe fortschreitend, im Verkehr mit VARNHAGEN VON ENSE, EDUARD HITZIG, LUDWIG ROBERT, RAHEL LEWIN, DE LA MOTTE FOUQUÉ und Anderen der deutsche Dichter ward, ist aus HITZIG's Biographie seines Freundes allgemein bekannt.[3] Dass ein junger Offizier von Talent, in ziemlich sorgenfreier Lage und bei ausreichender Musse, in einer aesthetisch fühlenden und denkenden Zeit und Umgebung, wie Berlin sie in den Jahren vor der Schlacht bei Jena bot, sich zu eigenem Dichten angeregt fand, überrascht nicht weiter. Die Energie freilich, mit welcher CHAMISSO die auf dem hiesigen *Collège français* erhaltene kümmerliche Vorbildung bis zu sehr vollständiger Bewältigung erst des Griechischen, dann des Lateinischen zu ergänzen vermochte, zeugte schon von ungewöhnlichem Wollen und Können. Aber wie nun derselbe Jüngling plötzlich, scheinbar ganz unvermittelt, sich Naturstudien zuwendet, nicht etwa naturphilosophisch tändelnd, wie es damals in Deutschland wohl vorkam, sondern schulmässig streng und ernst den Grund legend zu einer wissenschaftlichen Laufbahn, die ihn schliesslich zum akademischen Genossen eines von Humboldt, von Buch, Mitscherlich, Ehrenberg, Johannes Müller machte, das will erklärt sein, und der Zusammenhang ist nicht so offenkundig.

In meiner Gedächtnissrede auf Paul Erman habe ich nach mir mitgetheilten Nachrichten erzählt, Chamisso sei durch Hitzig sein Freund und dadurch der Naturwissenschaft gewonnen worden.[4] Es ist richtig, dass sie sich im Hitzig'schen Hause trafen und 'intime Freunde' wurden; in einer in Chamisso's Werken gedruckten Xenie spricht er seine Verehrung für den nach verborgener Weisheit strebenden Forscher aus, und er wurde wohl durch Erman vor der damals so gefährlichen Naturphilosophie behütet. Bei alledem muss ich jetzt jene Angabe bezweifeln. Wir wissen nämlich durch Chamisso's gedruckten Briefwechsel aus seinem eigenen Munde ganz genau, wie er zur Naturforschung kam, und zwar zunächst zur Botanik, die auch zeitlebens sein eigentliches Fach blieb.

Chamisso's militärische Laufbahn endete bekanntlich damit, dass er 1806 bei der von ihm ergreifend geschilderten schimpflichen Uebergabe von Hameln auf Ehrenwort kriegsgefangen sich nach Frankreich begab und bald darauf seinen Abschied nahm. In Frankreich knüpfte er Verbindungen wieder an, durch welche er, nach Berlin zurückgekehrt, im Spätjahr 1809 einen Ruf als Professor der griechischen und lateinischen Sprache an das zu Napoléonville in der Vendée zu errichtende *Lycée* erhielt, worauf er im Januar 1810 abermals nach Paris ging. Der Ruf erwies sich als trügerisch, aber bei diesem zweiten Aufenthalt in Frankreich wurde CHAMISSO in den Kreis der Frau VON STAEL gezogen, welcher er, als sie durch NAPOLÉON nach Coppet verbannt wurde, im Frühjahr 1811 dorthin folgte. Im Hause der grossartig wunderbaren Frau, wie er sie nennt, verlebte er mit AUGUST WILHELM VON SCHLEGEL, Madame RÉCAMIER und anderen berühmten Persönlichkeiten unvergessliche Tage; auch leistete er 'der hohen Herrin' Ritterdienste bei ihrer Flucht von Coppet nach Wien im Mai 1812.

Aber in dem theils geistreich litterarischen, theils leidenschaftlich politischen Treiben der STAEL'schen Gesellschaft scheint sich CHAMISSO's, nachdem der erste Reiz abgestumpft war, ein tiefer Ueberdruss bemächtigt zu haben an solcher nur spielenden, hoffnungslos unfruchtbaren Art das Leben hinzubringen, und um etwas bestimmt Förderndes anzufangen, suchte er sich in's Englische hineinzuarbeiten. Da schrieb ihm sein Freund DE LA FOYE, dass, wenn man sässe, wo er sei, man nicht

Englisch, sondern Botanik treiben müsse. „Das war „mir anschaulich", sagt CHAMISSO, „und ich that also." AUGUST VON STAEL, ein Sohn der Frau VON STAEL, ward sein erster Lehrer in der Botanik, woran die Rubiaceen-Gattung *Staëlia* CHAM. erinnert, und auf Wanderungen mit ihm in der pflanzenreichen Umgebung des Genfer Sees und am Fuss des Montblanc legte er den ersten Grund zu seinem Herbarium.

Dass ihm diese Beschäftigung zusagte, wird verständlich, wenn man, gleichfalls durch ihn selber, erfährt, wie er schon als Knabe, also noch auf Schloss Boncourt, „Insecten erspähte, neue Pflanzen fand, Ge„witternächte anschauend und sinnend an seinem offenen „Fenster durchwachte, und alle seine Spiele, sein „Schaffen und Zerstören auf physikalische Experimente „und Erforschung der Gesetze der Natur ausgingen". Man wundert sich dann weniger darüber, wie rasch und entschieden er jetzt dem neu erkannten Berufe sich hingiebt. Er eilt zurück nach Berlin, trotz allen Pariser Lockungen dem Ort der Welt, der ihm das bedeutet was Delphi dem Hellenen, und lässt sich als einunddreissigjähriger Studiosus medicinae bei der erst eben in's Leben getretenen, unter bedeutenden Lehrern schnell erblühenden Universität immatriculiren. Er treibt eifrig Anatomie unter dem alten KNAPE; weder dessen trockene Lehre von den Knochen, wie die Studenten den Titel von KNAPE's Osteologie parodirten, noch der gräuliche Zustand des damaligen Secirbodens schrecken ihn ab. So geht er, mit richtigem Instinct, spät aber gründlich, durch die wahre Elementarschule des Biologen, die Anthropotomie. Er arbeitet auf dem zoologischen Museum bei LICHTENSTEIN, hilft die Fische und Krebse aufstellen, hört vergleichende Anatomie und Physiologie unstreitig bei RUDOLPHI, Mineralogie, die ihm besondere Theilnahme abgewinnt, ohne Zweifel bei WEISS, bei ERMAN Elektricität und Magnetismus, freilich auch bei HORKEL ein naturphilosophisches Collegium. Man erstaunt darüber, was er Alles in der kurzen Frist von drei Jahren bis zu seiner Weltreise sich angeeignet haben muss, wenn man ihn alsbald zu Wasser und zu Lande für fast jede Art von Naturbeobachtung scheinbar gleichmässig vorbereitet sieht.

Aus dieser Zeit, den Jahren der Befreiungskriege, enthält die Sammlung seiner Gedichte nichts von Bedeutung, wohl aber stammt daraus sein berühmtestes, in die meisten Cultursprachen übersetztes Dichtwerk, 'Peter Schlemihl's wundersame Geschichte'. Mit der ihm eigenen Bescheidenheit und kindlichen Offenheit hat CHAMISSO selber berichtet, wie er zu dieser Erfindung kam. Der Verfasser der 'Undine' gab das Motiv dazu an, indem er CHAMISSO, der auf einer Reise all sein bewegliches Gut, Mantelsack, Hut, Handschuhe, Schnupftuch verloren hatte, fragte, ob er nicht auch seinen Schatten eingebüsst; während ein übergefälliger Herr in einem LAFONTAINE'schen Roman, welcher Alles, was in einer Gesellschaft zufällig gewünscht wird, aus der Tasche zieht, das Vorbild des grauen Unbekannten ward. Was uns näher angeht, ist, dass im 'Schlemihl' CHAMISSO sich selber zeichnete, nicht bloss der äusseren Erscheinung nach, denn Schlemihl ganz ähnlich schildert uns SCHLECHTENDAHL seinen Freund in damaliger Zeit, in der alten schwarzen Kurtka, mit der schwarzen Sammetmütze auf dem lockigen Haupt, mit der kurzen Pfeife und dem unentbehrlichen Tabaksbeutel, vor Allem mit der am ledernen Riemen umgehängten mächtigen grünen Botanisirtrommel;[5] sondern auch nach einer anderen, wichtigen Beziehung. Die Art, wie Schlemihl schliesslich Trost und Versöhnung findet, indem er mit seinen Siebenmeilenstiefeln auf der Erde umherstreift, „bald ihre Höhen, bald die Temperatur „ihrer Quellen und die der Luft misst, bald Thiere „beobachtet, bald Gewächse untersucht, von dem Ae- „quator nach den Polen, von der einen Welt nach der „andern eilt, Erfahrungen mit Erfahrungen vergleichend“ — diese Fiction ist nur ein Spiegel der Sehnsucht, welche CHAMISSO ganz erfüllte in einer Zeit, in deren Kämpfen für ihn, den französischen Deutschen, den deutschen Franzosen, nirgend ein richtiger Platz war, die für ihn kein Schwert hatte. Aus dem Menschenzwist hinaus in die Weite der Natur, in die Tiefe der Wissenschaft! ward seine Losung. Man hat viel Scharfsinn darauf verwendet, was wohl mit Schlemihl's Schatten und seinem Verluste gemeint sei; dagegen ist die nahliegende Symbolik des Endes, welches Schlemihl nimmt, obwohl von Chamisso selber später einmal angedeutet, meist nicht erfasst worden, aus der doch für die, welche ein Märchen nicht können ein Märchen sein lassen, die Deutung des Schattenverlustes auf Chamisso's Vaterlandslosigkeit von selbst sich ergeben würde.

Chamisso's im 'Schlemihl' ausgemalter Traum sollte bald in Erfüllung gehen, wenn auch nicht mit Siebenmeilenstiefeln. Zwar blieb ihm versagt, sich dem Reiseunternehmen des Prinzen Max von Wied-Neuwied nach Brasilien anzuschliessen. Da kam ihm zufällig bei Hitzig ein Zeitungsblatt zu Gesichte, worin von einer nah bevorstehenden Entdeckungsreise der Russen Nachricht gegeben wurde. Es handelte sich um Entsendung eines von dem Grafen Romanzoff ausgerüsteten Schiffes in die Südsee und zur Auffindung einer nordöstlichen Durchfahrt aus dem Stillen Meer in den Atlantischen Ocean. Eben hatte Napoléon's Rückkehr von Elba den Wiener Congress gesprengt und Europa in Schrecken versetzt. In der gewaltig wieder auflammenden kriegerischen Erregung, wobei er müssiger

Zuschauer bleiben sollte, war CHAMISSO's Unbehagen auf das Höchste gesteigert, und mit dem Fusse stampfend rief er aus: „Ich wollte, ich wäre mit diesen Russen „am Nordpol!" Der geschäftskundige HITZIG übernahm die Verhandlung mit Russland; CHAMISSO, von LICHTENSTEIN und anderen Lehrern empfohlen, wurde zum Naturforscher der Expedition ernannt, und meldete sich am 9. August 1815 an Bord des 'Rurik' auf der Rhede von Kopenhagen bei dem Befehlshaber, dem Kaiserlich Russischen Marine-Lieutenant OTTO VON KOTZEBUE.

Damit war er am glücklich entscheidenden Wendepunkte seiner Laufbahn angelangt. In unserer Zeit der Dampfschiffe und Eisenbahnen, der Reise um die Welt in achtzig Tagen, kann man sich nur schwer eine Vorstellung davon machen, welche Bedeutung damals eine Fahrt wie die des Rurik hatte, wie sie dem Reisenden für sein Leben eine bestimmte Richtung und Arbeitsstoff gab. Nur EHRENBERG, wie ich es früher einmal ausführte[6], entzog sich diesem Gesetze, so dass über seine Entdeckungen im Gebiete des 'kleinsten Lebens' seine Reisen fast in Vergessenheit geriethen. Dagegen fast die ganze spätere wissenschaftliche Thätigkeit CHAMISSO's als Ausführung des auf seiner Reise Begonnenen sich auffassen lässt.

Die Fahrt des Rurik, welche drei Jahre dauerte,

führte von Plymouth nach Teneriffa, Brasilien und um das Cap Horn nach Chile; an Salas y Gomez vorbei in die Inselwelt der Südsee, zuletzt nach der zu den Marshallsinseln gehörigen Inselkette Radak. Nun ging es nordwärts nach Kamtschatka, durch die Beringsstrasse in das Eismeer und zurück zu der Aleuteninsel Unalaschka, wo Vorbereitungen für die erst im folgenden Sommer zu unternehmende Nordpolfahrt getroffen wurden. In der Zwischenzeit begab sich die Expedition wieder südwärts nach Californien, den Sandwichinseln und Radak; darauf abermals nordwärts nach Unalaschka, von wo aus nunmehr versucht wurde, im Eismeer vorzudringen. Wegen Kotzebue's Gesundheitszustand musste jedoch hier der eigentliche und ursprüngliche Reisezweck aufgegeben werden, den bekanntlich erst in den fünfziger Jahren nach unendlichen Anstrengungen der seefahrenden Nationen M'Clure halb und halb erreichte. Der Kotzebue-Sund, die Eschscholtz-Bai, die Chamisso-Insel erinnern unter dem nördlichen Polarkreise an das abgebrochene Unternehmen, aus dem aber nun eine Weltumsegelung ward.

Die Rückreise begann; von Unalaschka segelte der Rurik zum zweiten Mal nach den Sandwichinseln und zum dritten Mal nach Radak; dann über Guajan, eine der Marianen, nach Manila, und um das Cap der guten Hoffnung, an St. Helena vorbei, nach Europa. In

London traf CHAMISSO mit CUVIER zusammen, und erfreute sich noch des Umgangs mit COOK's Begleiter auf seiner ersten Reise, Sir JOSEPH BANKS. Am 3. August 1818 ging der Rurik zu St. Petersburg in der Newa vor dem Hause des Grafen ROMANZOFF vor Anker. Die Expedition wurde aufgelöst; man liess, grossmüthig genug, CHAMISSO im Besitz dessen, was er gesammelt hatte. Anerbietungen, in Russland zu bleiben, wies er von der Hand. Sein Herz hing an Preussen, an Berlin, wohin er endlich zur See, über Swinemünde, gegen Ende October zurückkehrte, und wo er damals, wie er bemerkt, lange der einzige Weltumsegler blieb.

Viermal auf dieser Reise wurde die Linie überschritten; CHAMISSO näherte sich beiden Polen und wurde heimisch in den Einöden, wo das Eis als Gebirgsart erscheint, und in den rauchigen Jurten der schmutzigen Ichthyophagen des Eismeeres, wie in der palmengekrönten Herrlichkeit der Tropen und unter den luftigen Hütten der zierlichen, reinlichen Lotophagen der Südsee. Europa mitgezählt setzte er seinen Fuss auf vier Welttheile, und erfüllte so, durch ein sonderbares Zusammentreffen, genau das Schlemihl'sche Programm; denn da KOTZEBUE den ihm vorgeschriebenen Rückweg durch die gefahrvolle Torresstrasse seinem schadhaft gewordenen Schiffe nicht zumuthen mochte, bekam CHAMISSO Australien nicht zu sehen, gerade wie er seinen Schlemihl die übrigen Welttheile durchstreifen lässt, und nur Australien, wegen der Breite der ihn umspülenden Meeresarme, ihm unerreichbar und seiner Wissbegier verschlossen bleibt.

Der geschichtliche Rahmen von CHAMISSO's Reise wird vervollständigt durch die Erinnerung, dass der Rurik in den Hafen von Plymouth einlief kurz nachdem der 'Northumberland' den gefangenen Kaiser nach St. Helena abgeführt hatte[7], und dass ihm drei Jahre später auf der Rhede von Jamestown die bedenkliche Ehre ward, trotz der Russischen Kriegsflagge von der den Kaiser bewachenden englischen Strandbatterie mit Kanonenkugeln empfangen zu werden. OTTO VON KOTZEBUE aber sah seinen Vater, den Russischen Staatsrath und Deutschen Theaterdichter, nur auf der Todtenbahre aus SAND's Dolchstichen blutend wieder.

CHAMISSO's Weltreise hat in ihrer Anlage Ähnlichkeit mit der fünfzehn Jahre später so folgenreich gewordenen Reise CHARLES DARWIN's. Auch DARWIN befand sich als Naturforscher auf einem kleinen zu hydrographischen Zwecken ausgesandten Kriegsschiff, und der Curs des 'Beagle' deckte sich vielfach mit dem des Rurik, nur dass er statt des nördlichen Polarmeeres Australien, und statt der Sandwichinseln Tahiti berührte. Nach DARWIN's Autobiographie zu urtheilen, scheint er für seine Reise nicht viel besser vorbereitet gewesen zu sein als CHAMISSO; er hatte nicht einmal secirt, und konnte nicht zeichnen wie CHAMISSO[8]. In Einem Punkte hat er es besser gehabt als unser Reisender: Captain FITZ-ROY hat den Bedürfnissen und Wünschen seines Naturforschers stets mit grösster Bereitwilligkeit Rechnung getragen, und sich dadurch ein unvergessliches Verdienst um die Wissenschaft erworben. CHAMISSO dagegen wurde von seinem Kapitain als Naturforscher mit möglichst geringer Zuvorkommenheit, und als Mensch kaum besser behandelt. Was er sammelte, wurde gelegentlich über Bord geworfen, und er musste sich sein Schuhwerk selber putzen.

Der Rurik hatte nur Dreiviertel des Tonnengehaltes des Beagle, und schon die Beschränktheit des Raumes war dem Sammeln und Beobachten äusserst hinderlich. Um so mehr ist CHAMISSO zu preisen, dass er unter solchen Hindernissen und Beschwerden es möglich machte, Naturschätze jeder Art zu bergen und nach Berlin zu bringen, wo er sie grösstentheils unseren Museen geschenkt hat, sowie eine kaum übersehbare Reihe feiner und treffender Beobachtungen auf allen erdenklichen Gebieten anzustellen, welche von einem überaus frischen Sinn und der liebenswürdigsten Freude an den sich ihm darbietenden Wundern aller Zonen zeugen. Botanik in erster Linie, Zoologie und Naturgeschichte, Thier- und Pflanzengeographie, Anthropologie und Völkerkunde, Geologie, physikalische Geographie und Meteorologie hat er dergestalt mit Thatsachen von grösserem oder geringerem Belang bereichert. In doppeltem Sinn umspannten CHAMISSO's Wahrnehmungen sogar einen weiteren Kreis als DARWIN's, einmal weil sie auch auf die Polarregion sich erstreckten, dann sofern CHAMISSO, wie er überhaupt Anthropologie und Ethnographie mehr als DARWIN berücksichtigte, auch die Sprachen der Völker, mit denen er verkehrte, aufzufassen bemüht war.

Die wenig angenehme Lage, in welcher sich CHAMISSO auf dem Rurik befand, wurde übrigens dadurch erleichtert, dass es ihm nicht an wissenschaftlicher Gesellschaft und nöthigenfalls Unterstützung fehlte. Der Russische Maler LOGIN (LUDWIG) CHORIS, von deutscher Herkunft, begleitete die Expedition und war bereit, was von merkwürdigen landschaftlichen, naturgeschichtlichen oder ethnographischen Bildern sich bot, mit derbem Pinsel festzuhalten, wie er denn auch nach der Rückkehr in Paris eine 'Malerische Reise um die Welt' herausgab;[9] während in dem Schiffsarzte Dr. FRIEDRICH ESCHSCHOLTZ aus Dorpat CHAMISSO sogar einen ebenbürtigen, vielfach sachkundigen Theilnehmer an seinen Bestrebungen hatte. Ein dänischer Naturforscher, Lieutenant WORMSKIOLD, schloss sich in Kopenhagen freiwillig der Expedition an, scheint aber kein grosser

Gewinn gewesen zu sein, und verliess sie auch wieder in Kamtschatka.

In ähnlicher Weise wie später DARWIN in seinem *Journal of Researches* hat CHAMISSO in seiner 'Reise um die Welt' seine Erlebnisse in gefälliger Verflechtung mit wissenschaftlichen Beobachtungen mitgetheilt, zu denen eine Reihe von 'Bemerkungen und Ansichten' im dritten Theile des KOTZEBUE'schen Reisewerkes einen weiteren Commentar liefert.[10] Freilich fehlt CHAMISSO's Reisebeschreibung, so reich sie an anziehenden Einzelheiten ist, Etwas was der DARWIN'schen jetzt einen so hohen Reiz verleiht: der rothe Faden eines allgemeinen Gedankens, wie wir ihn heute in DARWIN's Buch vielleicht mehr hineinlegen, als er von ihm selber damals schon mit vollem Bewusstsein gehegt werden konnte, der aber doch an den Erfahrungen jener Reise sich entwickelte. Dieser Gedanke, wie kaum gesagt zu werden braucht, ist die Uebertragung des von Hrn. ROTH so genannten LYELL'schen Actualismus aus der Geologie in die Biologie, wo er als Abstammungslehre auftritt. Merkwürdig genug: der Dichter, der auf der Fahrt nach Brasilien in der 'Braut von Korinth' eine metrische Unregelmässigkeit entdeckt, in der aber eine besondere Schönheit liegt; dem der Anblick der nackten Klippe von Salas y Gomez ein psychologisches Epos eingiebt, neben welchem DEFOE's Erzählung als eine rohe Matrosengeschichte erscheint; der in der Beringsstrasse seine schwermüthigen Empfindungen in Ottaven ergiesst, die an die Zueignung zum Faust erinnern: dieser phantasiereiche, künstlerisch gestaltende Kopf zeigt sich der Natur gegenüber jeder voreiligen Verallgemeinerung abhold; mit der strengsten Zurückhaltung vermeidet er es, aesthetische Träumereien mit naturwissenschaftlichen Anschauungen zu vermischen; ähnlich wie bei seinen Naturstudien Voltaire[11] geht er in seinen Zweifeln sogar zu weit, und im Gegensatz zu dem Grösseren, der nach ihm kommen sollte, spricht er sich vorweg auf das Entschiedenste für die Lehre von unveränderlich gegebenen Arten, und gegen die seiner Meinung nach die Wissenschaft untergrabenden 'Metamorphosler' aus.[12] Zu den vordarwinischen Darwinianern gehörte also Chamisso nicht; aber wer möchte ihn tadeln, weil er auf Cuvier's und Johannes Müller's Seite stand?

Unsere heutige Absicht, hervorragende Leistungen Chamisso's in's Licht zu stellen, wird durch die Art seiner mehr in Einzelheiten sich auflösenden Thätigkeit erschwert. Vor Allem ist festzuhalten, dass er, wie schon bemerkt, sich selber stets für einen systematischen Botaniker gab. Bald nach seiner Rückkehr nach Berlin erhielt er eine Anstellung als Gehülfe bei den botanischen Anstalten, zuerst am botanischen

Garten, später am Herbarium, und bekleidete dies Amt bis kurz vor seinem Lebensende. Im Auftrage des Ministers von Altenstein stellte er dreissig Herbarien zur Vertheilung an Schulen zusammen, und verfasste dazu ein kleines botanisches Lehrbuch, in dessen Einleitung er seine allgemeinen Ansichten über Organisation und Systematik niederlegte.[13] Sein Andenken als Botaniker feierte kurz nach seinem Tode sein Freund und früherer College von Schlechtendahl in seiner 'Linnaea', in welcher unter dem fortlaufenden Titel '*De plantis in expeditione Romanzoffiana observatis*' viele von Chamisso's Pflanzen familienweise beschrieben waren. Eine unscheinbare Pflanze aus der Familie der unverwelklichen Amaranten, *Chamissoa* Kunth, und der durch ihn bekannt gewordene schönste Baumfarren der Hawaiischen Wälder, *Cibotium Chamissoi* Kaulfuss, bewahren seinen Namen in der Systematik. Seine Lieblingspflanzen waren die Wassergewächse, besonders die Potamogetonen.[14]

Chamisso's Entdeckungen auf der Reise fingen damit an, dass er gleich auf der Englischen Küste bei Plymouth eine den dortigen Botanikern entgangene Species, *Centaurea nigrescens*, aufspürte. An mehreren Orten, auf Teneriffa, in Brasilien, verhinderte die gerade herrschende Regenzeit, in Chile die verdorrende Sommergluth erfolgreiches Sammeln, dagegen wurde die Flora der Radakkette fast vollständig aufgenommen, und Californiens von Botanikern noch kaum besuchte sandige Küste bot vieles Neue, unter Anderem die von Chamisso seinem Gefährten zu Ehren genannte Papaveracee *Eschscholtzia californica*, deren Samen er mitbrachte und deren freundlich leuchtende Blume noch immer unsere Gärten schmückt. Die Inseln des arktischen Meeres zwischen Amerika und Asien gaben eine reiche Beute in ihrer alpinen Flora, welche Chamisso lebhaft an die Alpenmatten der Schweiz erinnerte. Doch fehlten ihm natürlich zum Verständniss dieses Verhaltens die heutigen Begriffe der Eiszeit und der Relicten-Flora. Wie scharf und geübt muss sein Auge gewesen sein, welches er doch erst drei Jahre vor seiner Reise angefangen hatte methodisch auf Naturgegenstände zu richten, dass er, auf dem Tafelberge mit dem sich am Cap aufhaltenden Berliner Botaniker Mundt botanisirend, wie in Plymouth sogleich mehrere jenem bisher entgangene Pflanzen entdeckte, ja, obschon nur ein flüchtiger Reisender, aus diesem betretensten botanischen Garten der Erde manche noch unbeschriebene Pflanzenart mitbrachte.

Nicht genug weiss Schlechtendahl die grosssinnige Uneigennützigkeit zu rühmen, mit welcher Chamisso nach der Heimkehr seine Schätze anderen Botanikern zur Bearbeitung überliess, die durch ihre Studien dazu besonders befähigt sehienen. So sandte er dem Schwedischen Algologen Agardh in Lund eine Sammlung seiner von der Reise mitgebrachten Algen, darunter eine am Kap beim Sammeln von Tangen aufgefundene seltsame Doppelbildung, eine auf einer Conferve, *C. mirabilis seu hospita*, lebende Fucoïdee, *F. confervicola seu Sphaerococcus mirabilis.* Agardh, welcher freilich im Transformismus etwas zu weit ging, da er an Thierwerdung der Pflanze bei gewissen Algen glaubte, sah auch in diesem Falle eine Umwandlung eines Lebewesens in ein anderes, wogegen Chamisso, seinem hier sicher wohlberechtigten Standpunkte getreu, in einer besonderen Abhandlung Verwahrung einlegte.[15]

Wie zum Lohn für sein ernstes Streben, aber auch zur Warnung zugleich den Kreis des in der organischen Natur Möglichen nicht zu eng sich vorzustellen, sollte nun Chamisso selber auf dem Gebiet der Metamorphosen eine der merkwürdigsten Entdeckungen machen. Längst waren die Seefahrer in den wärmeren Meeren auf gewisse weiche, glashell durchsichtige, im Sonnenschein irisirende Thiere von ansehnlicher Grösse (etwa der Grösse einer Maus) aufmerksam geworden, welche oft in grosser Menge an der Oberfläche der See sich zeigen, und die eigenthümliche Erscheinung darbieten, dass ihrer zwanzig bis vierzig und mehr durch besondere Anheftungsorgane zu langen Ketten vereinigt sind. Diese zu den Mollusken ohne Kopf und Schale gehörigen Thiere sind die Salpen. Alle Glieder solcher Salpenkette sind von derselben Form und auf dieselbe Art gegen einander gelegen; sie bewegen sich durch Aufnehmen und Ausstossen des Wassers einförmig und gleichsam in demselben Takte, wodurch die ganze Kette in Schlangenwindungen unter der glatten Meeresfläche vorwärts rudert. Neben den Salpenketten kommen auch vereinzelte Salpen vor, aber von zweierlei Art. Die einen tragen in den Anheftungsorganen die deutliche Spur, Glieder einer Kette gewesen zu sein; den anderen fehlt jede solche Spur. Gleich auf der Fahrt von Plymouth nach Teneriffa machte während einer Windstille CHAMISSO die überraschende Beobachtung, dass die vereinzelten Salpen, welche nie Theile einer Kette bildeten, stets eine Brut enthalten, welche der Salpenkette gleicht; dagegen in den Gliedern der Kette fand er eine Brut, deren Form der der vereinzelten Salpen entsprach. Die zu einer Salpenkette gehörigen Thiere, welche vereinzelte Salpen erzeugen, sind Zwitter; die vereinzelten Salpen dagegen sind geschlechtslos, und die Salpenketten entstehen in ihnen ohne Befruchtung, durch innere Knospung. Es wechseln also mit einander ab zwei Generationen, deren eine geschlechtlich, die andere ungeschlechtlich, durch Knospung, sich vermehrt, und welche sich auch noch durch andere

Merkmale unterscheiden. CHAMISSO's Bild zu gebrauchen, eine Salpe gleicht nicht ihrer Mutter und nicht ihrer Tochter, wohl aber ihrer Grossmutter, ihren Schwestern und ihrer Enkelin.

CHAMISSO nannte diese Art der Fortpflanzung die durch „abwechselnde Generationen“. So neu und unerhört erschien seine Mär, dass, als er sie nach seiner Rückkehr 1819 in einer besonderen lateinischen Schrift erzählte,[16] sie entweder unberücksichtigt blieb oder heftig angegriffen wurde. FRANZ JUL. FERD. MEYEN, später Prof. extraord. der Zoologie und Naturgeschichte an hiesiger Universität, der in den Jahren 1830—32 als Schiffsarzt auf dem Seehandlungsschiff 'Princess Louise' um die Welt reiste, war so unglücklich, keine einzige vereinzelte Salpe anzutreffen, welche eine knospende Salpenkette enthielt, während doch an vielen Stellen freischwimmende Salpenketten in ganzen Massen das Schiff umgaben, und er ging in seinen Zweifeln an der Richtigkeit der CHAMISSO'schen Beobachtungen bis zu der Behauptung, dass die freischwimmenden Salpenketten und die zusammengeketteten Knospen, welche CHAMISSO in vereinzelten Salpen gefunden haben wollte, gar nichts mit einander zu thun hätten. Dagegen nahm ESCHRICHT in Kopenhagen wohl CHAMISSO's Thatsachen für richtig an, schlug aber in einer umfangreichen Abhandlung vom Jahr 1841, also nach CHAMISSO's Tode, eine andere Erklärung vor, nämlich durch eine doppelte Fortpflanzungsweise der einzelnen Individuen, so dass jüngere Individuen vereinzelte Salpen, ältere Salpenketten erzeugen sollten. Allein fast unmittelbar darauf, 1842, erstand CHAMISSO an derselben Stätte ein Vertheidiger und ein Verkünder seines Ruhmes in unserem correspondirenden Mitgliede Hrn. JAPETUS STEENSTRUP. Diesem gelang es in dem weiten, an Abenteuern reichen Gebiet der Fortpflanzungslehre eine Reihe von Entwickelungsvorgängen zu unterscheiden, welche sämmtlich unter den allgemeinen Gesichtspunkt des zuerst von CHAMISSO erkannten und benannten Generationswechsels zu bringen sind, indem dabei geschlechtlich sich fortpflanzende Generationen mit einer oder mehreren ungeschlechtlich, durch äussere oder innere Knospung sich fortpflanzenden Generationen abwechseln. Die Entwickelungsvorgänge bei den Medusen und Strobilen, den Cercarien und Distomen, den Blattläusen, denen sich seitdem noch manche andere, wie bei den Bandwürmern, angereiht haben, wurden so mit Einem Schlage erhellt. JOHANNES MÜLLER's berühmte Entdeckungen über die Entwickelung der Echinodermen bildeten einen Uebergang zwischen den Erscheinungen des Generationswechsels und denen der Metamorphose, wie sie bei Frosch und Schmetterling am bekanntesten ist. Das Verdienst aber, diese Bahn gebrochen zu haben, gebührt, wie Hr. Steenstrup es laut und ausdrücklich erklärt, dem genauen und geistreichen Forscher Chamisso.[17]

Eine andere wichtige Angelegenheit, welche nun zur Sprache zu bringen ist, betrifft gleichfalls pelagisches Thierleben, doch gehört sie ebenso sehr der Geologie und physikalischen Geographie wie der Biologie an. Wenige Erscheinungen haben schon früh die Schiffer in der Südsee und dem Indischen Ocean so in Erstaunen versetzt und den Scharfsinn der Erklärer so herausgefordert, wie die sogenannten niedrigen Inseln oder Atolle. Inmitten der Wasserwüste erhebt sich aus unergründlicher blauer Tiefe ein Ringwall, welcher, bald schmäler bald zu kleinen Inseln sich verbreiternd, eine vergleichsweise seichte und stille Lagune umschliesst, während draussen unaufhörlich donnernde Brandung tobt. Der Ringwall oder 'das Riff', selten von kreisrunder, meist von länglich unregelmässiger Gestalt, mit aus- und einwärts gekrümmten Seiten, aus- und einspringenden Winkeln und sehr ungleichen Durchmessern, liegt auf der Windseite bei der Ebbe trocken, auf der Leeseite wird er meist auch dann von der See überspült, und hier ist er öfter von einer oder mehreren Lücken durchbrochen, welche die Einfahrt in die Lagune gestatten. Die Inseln selber, welche der Ringwall gleich einer breiten Kunststrasse verbindet, überragen meist nur um wenige Meter die Fluthmarke. „Das Ufer des innern Meeres allein“, sagt CHAMISSO, „ist wirthbar für den Menschen, und er baut da seine „Hütten unter den Cocosbäumen, die er gepflanzt hat.“ Es giebt solche Atolle von sehr verschiedener Grösse, von 3—4 Kilometern Durchmesser bis zu 150 Kilometern Länge auf 40 Kilometer Breite. Mehr oder weniger dichtgedrängt bedecken sie zu vielen Hunderten einen ansehnlichen Theil der Erdoberfläche zwischen den Wendekreisen und bilden so einen hervorragenden Zug in deren Gestaltung, aber auch eine der grössten Gefahren für die Schifffahrt. Vollends fesseln diese Bildungen die Aufmerksamkeit dadurch, dass sie, wie schon die ersten Beobachter erkannten, als das Werk unzähliger organischer Baumeister, der Korallenthiere, sich erweisen, welche den Kalk aus dem Seewasser aufnehmen und daraus ihre Meerschlösser aufmauern.

JOHANN REINHOLD FORSTER, dem Begleiter COOK's auf seiner zweiten Weltumsegelung, wird der erste Erklärungsversuch der Atollbildung zugeschrieben. Er dachte sich, dass die Korallenthiere aus unergründlicher Tiefe den Ringwall aufführen, um sich den behaglichen Wohnort der stillen Lagune zu sichern[18]: eine unhaltbare Meinung, weil erfahrungsmässig diese Thiere nicht in grösseren Tiefen leben; weil es naturwidrig wäre, dass eine grosse Anzahl verschiedener Gattungen, wie sie in den Korallenbauten vorkommen, zu gemeinsamem Zwecke sich verbände; weil gerade in der Lagune die Korallenthiere nicht gedeihen; endlich weil bei dieser Erklärung die Beschränkung der Atolle auf gewisse Regionen unbegreiflich bliebe.

Schon eine bessere Deutung ersann, seltsam genug, ein nachmaliges Mitglied unserer philosophisch-historischen Classe, HENRIK STEFFENS, der mit leiblichem Auge nie einen Atoll erblickte. Er stellte sich vor, dass den Atollen ebenso viele unterseeische erloschene Kratere entsprächen, auf deren Rändern die Korallenthiere sich angebaut hätten. Es giebt nun zwar keine Kratere von so grossem und unregelmässigem Umfange, wie die Atolle, und da die Korallenthiere nur bis zu geringer Tiefe leben, müssten in zwei ganz bestimmten Regionen, und nur in diesen, unzählige Kratere sich dem Meeresspiegel gerade weit genug genähert haben, um die Besiedelung mit Korallenthieren zu gestatten, was höchst unwahrscheinlich ist. Immerhin war STEFFENS, wie wir sehen werden, auf richtiger Spur, sofern er vulcanische Kräfte zur Atollbildung mitwirken liess, und dieser von ihm glücklich hingeworfene Gedanke, den später noch mehrere andere Forscher fassten und hegten, hat alle seine naturphilosophischen Constructionen überlebt.[19]

Doch bedurfte es hier noch einer grundlegenden

Bemerkung, mit der nunmehr CHAMISSO's Name verknüpft ist, welcher, besonders auf der Radakkette, reichlich Gelegenheit zur Beobachtung der Koralleninseln fand. Diese Bemerkung besteht einfach darin, dass die Korallenthiere, weil sie selber sich nicht vom Orte bewegen, einer bewegten See bedürfen, die ihnen Nahrung, Sauerstoff und Kalk zuführt. So versteht man, dass, wo in nicht zu grosser Tiefe ein passender Unterbau vorhanden ist, auf welchem Korallen sich ansiedeln können, ein Atoll entstehen müsse; denn da die Korallen, sobald sie der Oberfläche des Meeres sich nähern, am Umfange ihres Baues, durch Wellenschlag und Strömungen begünstigt, besser gedeihen als in der Mitte, so wird sich ein Ringwall erheben, und zwar, ganz wie es wirklich der Fall ist, höher und vollständiger auf der Windseite, wo der meiste Wellenschlag stattfindet. Um die Atollbildung zu erklären, handelt es sich also jetzt nur noch darum, den Unterbau für die Ansiedelung der Korallenthiere zu beschaffen.

Dieser Forderung in scheinbar durchaus befriedigender Art genügt zu haben, galt bis vor Kurzem für eine der glänzendsten Thaten CHARLES DARWIN's, welche nicht wenig dazu beitrug, seinen späteren theoretischen Wagnissen den Weg zu bahnen. DARWIN hatte wie CHAMISSO die Atolle vielfach und genau beobachtet, und deren Verwandtschaft erkannt mit den anderswo Inseln und Continente umsäumenden 'Küstenriffen', und den ihren Umriss in grösserem oder geringerem Abstand copirenden 'Dammriffen', welche gleichfalls das Werk der Korallenthiere sind. Diese dreifache Stufenfolge von Erscheinungen leitete er nun gemeinsam aus dem stärkeren Wachsthum der Korallen in bewegter See in Verbindung mit dem von Steffens und Anderen hier eingeführten Vulcanismus ab, nur dass er an Stelle der unterseeischen Kratere, die er aus den oben angeführten Gründen verwirft, ein grosses zusammenhängendes, in allmählichem Sinken begriffenes Land setzte. Die Korallenthiere umgürten zuerst die in die Tiefe verschwindenden Bergspitzen dieses Landes mit einem Küstenriff, umgeben dann in Folge ihres stärkeren äusseren Wachsthumes das Land in weiterer Entfernung mit einem Dammriff, zwischen welchem und der Küste ein Lagunencanal bleibt, bis endlich über dem untertauchenden Berggipfel der Lagunencanal von allen Seiten zur Lagune sich zusammenschliesst, und ein Atoll fertig ward.[20]

Längere Zeit blieb diese Theorie unangefochten; dann wurden von verschiedenen Seiten her Zweifel gegen ihre Allgemeingültigkeit erhoben, so bei uns von Hrn. Carl Semper auf Grund seiner Wahrnehmungen auf den Palau-Inseln. Einen nachhaltigen Stoss erhielt sie aber erst durch die Naturforscher der Challenger-Expedition, welche durch umfassende neue Beobachtungen dahin gelangten, sie überhaupt aufzugeben. Im Einverständniss mit dem verstorbenen Sir WYVILLE THOMSON setzte Mr. JOHN MURRAY an Stelle von DARWIN's Senkungstheorie nun wieder eine Hebungstheorie. Wie die Anhänger der Kraterhypothese lässt er zahllose vulcanische Gipfel vom Meeresgrund aufsteigen; der Einwand dagegen, der von der Unwahrscheinlichkeit hergenommen wurde, dass so viele Gipfel sehr nahe dieselbe Höhe erreichen sollten, wird dadurch beseitigt, dass die Gipfel durch Ablagerung von allerlei organischen und unorganischen Niederschlägen nach Bedürfniss erhöht werden, bis sie zur Ansiedelung von Korallenthieren dienen können. Zur Erklärung der Ringwallbildung wird in erster Linie wieder das stärkere Wachsthum der Korallen am äusseren Umfange in Folge von Wellenschlag und Strömungen herangezogen. Hierzu kommt aber noch, um die Lagunenbildung zu erklären, ein neues, wie es scheint, von WYVILLE THOMSON ersonnenes Moment, nämlich die Wiederauflösung des von den Korallenthieren abgesonderten kohlensauren Kalkes in dem kohlensäurereichen Seewasser.[21]

Eine lebhafte Verhandlung hat sich über diese Fragen unter den Englischen Gelehrten entsponnen, und schon eine ansehnliche Litteratur erzeugt, auf die wir nicht eingehen können. So schade es ist, dass eine so schöne und sinnreiche Theorie, wie die DARWIN'sche, nicht mehr richtig sein soll, so wenig kann man sich, den neuerlich dawider gemachten Einwendungen gegenüber, dem Eindruck ihrer Verwundbarkeit verschliessen. Es scheint unläugbar, dass ächte Atollbildung in vielen Fällen stattgefunden hat, wo Hebung des Meeresbodens und der die Atolle tragenden unterseeischen Bergeshöhen thatsächlich erwiesen ist, während die von DARWIN angenommene Senkung immer nur eine Hypothese *ad hoc* bleibt. Eine andere Frage ist es, was an die Stelle der erschütterten Theorie zu setzen sei; welcher Antheil an der Atollbildung den sehr mannigfaltigen Einflüssen zukomme, die dabei im Spiele sind. Dies zu erörtern, ist jedoch nicht unseres Amtes und wäre hier nicht der Ort. Uns berührt hier allein die Thatsache, dass in allen Umgestaltungen der Theorie das wesentlichste Hülfsmittel zur Atollbildung doch stets das stärkere Wachsthum der Korallen im bewegten Wasser bleibt, und dass als Derjenige, der dies zuerst eingesehen und ausgesprochen hat, CHAMISSO genannt wird.

Ich befinde mich nun in der absonderlichen Lage, CHAMISSO, gewissermaassen in seinem eigenen Namen, heute diesen Ruhmestitel absprechen zu müssen. Die

Meinung, dass er jene Lehre aufgestellt habe, findet sich zwar schon vor Darwin's Darlegung seiner Theorie, erhielt indess erst durch diese ihre gegenwärtige Bedeutung, und ging besonders aus seinem weit verbreiteten Werke in spätere Schriften über.[22] Studirt man aber Chamisso's Werke, so zeigt sich, dass er wohl die Atolle petrographisch, geognostisch und zoologisch möglichst genau untersucht und beschreibt, jedoch nirgend die ihm von Darwin zugeschriebene Bemerkung über das stärkere Wachsen der Korallen in der Brandung macht. Es ist nicht leicht, ein klares Bild davon zu gewinnen, wie er sich das Entstehen der Atolle vorstellte, und insbesondere, welche Rolle er dabei den Korallenthieren zuwies. Er sagt wörtlich:

„Wir denken uns eine Inselgruppe dieser Bildung „als eine Felsenmasse, die sich mit senkrechten Wänden „aus der unergründlichen Tiefe des Oceans erhebt und „oben, nahe an dem Wasserspiegel, ein überflossenes „Plateau bildet. Ein von der Natur ringsum am Rande „dieser Ebene aufgeführter breiter Damm wandelt die- „selbe in ein Becken um . . . . Der Theil des Riffes, „der aus dem Wasser ragt oder untersucht werden „kann, besteht aus fast wagerechten Lagern eines harten, „schwer zerbrechlichen Kalksteins, der aus bald gröberen, „bald feineren Madreporentrümmern mit beigemengten „Muscheln und Echinus-Stacheln zusammengesetzt

„ist . . . Der Stein enthält die Lithophyten nur als „Trümmer und nirgends in der Lage, worin sie ge- „wachsen sind und gelebt haben . . . Auf dem Damm „aufgeworfene, oft klaftergrosse Felsenblöcke (Ge- „schiebe) sind von demselben Steine, der nur oft „grössere Madreporentrümmer einschliesst, als die „obern an dem Tage liegenden Lager; und wir halten „dafür, dass der ganze Bau, der Tafelberg, der die „Grundveste der Inselgruppe bildet, aus dieser selben „Gebirgsart besteht. Es ist eine Gebirgsart neuerer „Bildung und die noch fortwährend erzeugt wird . . . „Es ist dies derselbe Stein, worin man an der Küste „von Guadeloupe Menschenskelette versteint einge- „schlossen findet . . . Die enormen Massen aus einem „Wuchs, die man hie und da auf den Inseln oder auf „den Riffen als gerollte Felsenstücke antrifft, haben „sich wohl in den ruhigen Tiefen des Oceans erzeugt. „Oben unter wechselnden Einwirkungen können nur „Bildungen von geringer Grösse entstehen . . . Ob wir „gleich in den Korallenriffen und der Gebirgsart aus „der sie bestehen, das Skelet der Lithophyten nirgends „an ihrem ursprünglichen Standorte und an der Stelle, „wo und wie sie lebten und fortwuchsen, erkennen, „und darin von Flinders abweichen, . . . so müssen wir „doch glauben, dass in den Meerstrichen, wo die „enormen Massen dieser Bildung sich erheben, selbst

„im kalten und lichtlosen Meeresgrund, Thiere fort- „während geschäftig sind, durch den Process ihres „Lebens den Stoff zu deren nicht zu bezweifelndem „Wachsthume und Vermehrung zu erzeugen, und der „Ocean zwischen den Wendekreisen scheint uns eine „grosse chemische Werkstatt der Natur zu sein, wo „sie den kalkerzeugenden, niedrig organisirten Thieren „ein in ihrer Oeconomie wichtiges Amt anvertraut.“[23]

Nach diesen Aussprüchen Chamisso's, die an drei Stellen seiner Werke im Wesentlichen gleichlautend wiederkehren, muss man schliessen, dass er den Korallenthieren keinen anderen Antheil an der Atollbildung einräumte als die Bereitung des Kalkes, welcher für die in unerklärter Weise aus unergründlicher Tiefe steil emporwachsenden Koralleninseln den Baustoff abgiebt. Das stärkere Wachsthum der Riffe auf der Windseite scheint er von der mechanischen Wirkung des Wellenschlages abzuleiten, der Sand und Trümmer aller Art aufwerfe; doch fehlt es darüber an einer bestimmten Aeusserung. Vom Einfluss der Brandung auf die Korallenthiere, den er wohl beachtet, heisst es nur: „Arten, die den Stein überziehen und „sich kuchenförmig gestalten *(Astraea)*, kommen in „stets bewässerten Aushöhlungen des Bodens zunächst „der Brandung vor. Die rothe Farbe des Riffes unter „der Brandung“ — welche bei der Ebbe von der hohen

See aus in die Augen fällt, — „rührt von einer *Nulli-* „*pora* her, die überall, wo Wellen schlagen, das Ge- „stein überzieht, und sich unter günstigen Umständen „stalactitenartig ausbildet.“

Von massenhafterer Entwickelung der Korallenbauten in bewegter See, von einem daraus sich ergebenden Einfluss auf ihre Gestaltung ist, wie man sieht, hier nicht die Rede.

Natürlich fragt man, wie mehrere Autoren übereinstimmend, wie insbesondere DARWIN, zu ihrer unzutreffenden Angabe kamen. Dies erklärt sich folgendermaassen. Am Schlusse des dritten Bandes des KOTZEBUE'schen Reisewerkes, welcher CHAMISSO's 'Bemerkungen und Ansichten' enthält, findet sich ein 'Anhang von andern Verfassern', und hier in einem kurzen Aufsatze unter dem Titel: 'Ueber die Korallen-Inseln. I. Ihre Entstehungsart' der entscheidende Ausspruch: „die „grösseren Korallenarten, welche einige Faden in der „Dicke messende Blöcke bilden, scheinen die am „Aussenrande des Riffs stärkere Brandung zu lieben; „dieses und die Hindernisse, die ihrem Fortleben in „der Mitte eines breiten Riffs durch die aufgeworfenen „von den Thieren verlassenen Muschel- und Schnecken- „schalen und Korallenbruchstücke in den Weg gelegt „werden, sind wohl die Ursachen, wesshalb der Aussen- „rand eines Riffs zuerst der Oberfläche sich nähert.“[24]

Offenbar sind dies dieselben Worte, welche DARWIN, nach der von ihm angeführten englischen Uebersetzung von KOTZEBUE's 'Erster Reise', CHAMISSO in den Mund legt: „*The larger kinds of coral, which form rocks measuring several fathoms in thickness, prefer, according to CHAMISSO, the most violent surf.*" Hier also ist der Quell von DARWIN's Irrthum zu suchen, und dieser ist daraus entsprungen, dass dem jene Worte enthaltenden Aufsatze der Name des Verfassers fehlt. Entweder hat DARWIN die Ueberschrift: 'Anhang von andern Verfassern' übersehen, und ohne Weiteres angenommen, der namenlose Aufsatz sei von CHAMISSO, oder die englische Uebersetzung, welche mir nicht vorliegt, hat ihn sonst irgendwie irre geführt.

Denn es lässt sich zeigen, dass der Aufsatz, und somit die Lehre vom besseren Gedeihen der Korallen in der Brandung, von ESCHSCHOLTZ herrühren. Zunächst hat CHAMISSO beim Wiederabdruck der 'Bemerkungen und Ansichten' in seiner 'Reise um die Welt' den Aufsatz nicht unter seine Sachen aufgenommen; von ihm ist er also nicht. Sodann ist auch der vorhergehende erste Aufsatz des Anhanges ohne Namen; der ungenannte Verfasser beschreibt aber in der ersten Person Reiseerlebnisse mit CHAMISSO, welche dieser in der 'Reise um die Welt' ebenso mit ESCHSCHOLTZ beschreibt; der erste Aufsatz also hat ESCHSCHOLTZ zum Verfasser, wie denn der 'Anhang' noch mehrere zoologische Aufsätze enthält, die seinen Namen tragen. Der zweite Aufsatz, um dessen Urheber es sich handelt, hat ganz dasselbe Gepräge wie der erste, und da er nicht von Chamisso ist, bleibt Niemand, von dem er sein könnte, als Eschscholtz. In einer Abhandlung über die Korallenbänke des Rothen Meeres in unseren Denkschriften aus dem Jahr 1832 schrieb allerdings auch Ehrenberg, der diese Dinge wissen konnte, den zweiten Aufsatz Chamisso zu.[25] Allein im Vorworte zur 'Reise um die Welt' vom Winter 1834—35 sagt Chamisso selber, indem er über die nachlässige und eigenmächtige Redaction des Kotzebue'schen Reisewerkes sich beschwert, dass in einer darin enthaltenen „eigenen Ab„handlung, die ihm zugeschrieben werden konnte und „zugeschrieben worden sei, Eschscholtz über die „Koralleninseln hergebrachte Meinungen wieder vor„trug, die widerlegt zu haben, er sich zu einem Haupt„verdienst anrechne". ‚Man hat mir zugeschrieben," setzt er an einer späteren Stelle hinzu, „was Andere „gesagt hatten, und hat den Knoten fester geschürzt, „den ich zu lösen beabsichtigte."[26] Worauf nunmehr Ehrenberg in einem neuen Abdruck seiner Abhandlung in Poggendorff's Annalen 1837, wohl nach Rücksprache mit Chamisso, ausdrücklich Eschscholtz als Verfasser des Aufsatzes nannte.[27]

Danach kann kein Zweifel sein, dass dieser es wirklich war. Auf alle Fälle ist klar, dass CHAMISSO von dem stärkeren Wachsthum der Korallen in der Brandung nichts hielt, geschweige es billigte, wenn Andere davon für die Erklärung der Atollbildung Gebrauch machten, und dass in diesem Sinne sein Name seit mehr als fünfzig Jahren mit Unrecht, wider seinen ausgesprochenen Willen, in diese Angelegenheit verflochten ist, welcher er nur durch seine gewissenhafte, rein thatsächliche Untersuchung des Baues der Koralleninseln angehören wollte.

„Sowie die Korallen-Riffe und -Inseln des grossen „Oceans Erzeugnisse des thierischen Lebens sind“, sagt CHAMISSO in seinen ‘Ansichten von der Pflanzenkunde und dem Pflanzenreiche’, „so sind die Torfmoore Er„zeugnisse des pflanzlichen.“ Es giebt einen Begriff von dem Umfang seiner Naturanschauung, wenn hier sogleich der Bemühungen gedacht wird, welche er, bald nach der Rückkehr von seiner Weltreise, einem vergleichsweise so unscheinbaren Gegenstande wie den norddeutschen Torflagern widmete. Damals herrschte noch, auf Grnnd einer Beobachtung ALEXANDER’s VON HUMBOLDT, welcher auch LEOPOLD VON BUCH Vertrauen geschenkt hatte, die Meinung, unsere Torflager, beispielsweise das Berlin benachbarte von Linum, enthielten Reste von Seetang (*Fucus sacharinus*) und seien somit Erzeugnisse des Meeres. Durch eine Untersuchung, welche er bei Linum mit POGGENDORFF und FRIEDRICH HOFFMANN, dem früh verstorbenen Geologen, begann, dann auf Rügen und längs dem Ostseestrande allein fortführte, lieferte CHAMISSO den auch wirthschaftlich nicht unwichtigen Beweis, dass das Meer an der Torfbildung weder im Binnenlande noch am Strande Antheil gehabt habe, und dass zur Erklärung der Thatsachen keine Veränderung der Höhenverhältnisse des Bodens zur Meeresfläche nöthig sei.[28]

Auf dem Torfmoore bei Linum sah CHAMISSO die Kimming oder Luftspiegelung wieder, welche sich ihm im hohen Norden im grössten Maassstabe dargeboten hatte. Er knüpft daran eine minder bekannte Bemerkung, die ich mich erinnere in PAUL ERMAN's Vorlesungen gehört zu haben, die aber wohl von CHAMISSO herrührt, da dieser, sonst überaus peinlich in Angabe seiner Quellen, ERMAN nicht als Urheber nennt. Er sagt nämlich, dass man die Luftspiegelung auch in verticaler Ebene an langen, geraden, sonnenbeschienenen Mauerflächen wahrnehme, wozu die nach Südwest gekehrte Berliner Stadtmauer zwischen Potsdamer und Halle'schem Thore eine (seitdem verschwundene) Gelegenheit biete.[29]

Auch über das Nordlicht hat CHAMISSO werthvolle Beobachtungen angestellt, merkwürdigerweise aber nicht bei seinem zweimaligen Aufenthalt unter dem Polarkreise, sondern im Finnischen Meerbusen auf seiner Rückreise von St. Petersburg nach Swinemünde.[30]

Man würde irren, wenn man sich CHAMISSO's zoologische Beobachtungen, nach neuerlich beliebter Art, allein auf die niederen Thierformen gerichtet vorstellte, wie Salpen und Korallenthiere, oder wie die das Meerleuchten verursachenden mikroskopischen Organismen. Mit eben so gespannter Aufmerksamkeit wurden unter allen Breiten die Wirbelthiere betrachtet: die fliegenden Fische, die auf dem Rurik rastenden Vögel, die Walfische, von deren Zähmung und Dienstbarmachung er träumte, die Seelöwen, durch deren brüllende Heerde er auf der St. Georgs-Insel furchtlos schritt. Ueber die an Bord des Rurik genommenen Affen machte er tiefe psychologische Bemerkungen. Auch die ausgestorbene Thierwelt ging nicht leer aus: einen von CHAMISSO am KOTZEBUE-Sund ausgegrabenen Stosszahn hat auf seine Zeichnung und Beschreibung hin CUVIER in den *Ossemens fossiles* dem Mammuth zugeschrieben.

Aber, wie schon bemerkt, die Erforschung des Menschen selber liess CHAMISSO überall auf seiner Reise sich ganz besonders angelegen sein. Natürlich ist bei ihm, wiewohl er von Schädeln sammelte, was zu erlangen war, genauere Beobachtung und Feststellung der körperlichen Beschaffenheit der Rassen nach unseren heutigen Begriffen nicht zu erwarten, und bei der Entwickelung des Weltverkehrs seit siebzig Jahren, bei den vervollkommneten Methoden und Hülfsmitteln der Untersuchung, wie Anthropometrie und Farbentafeln, Gypsabguss und Photographie, liegt es auf der Hand, dass er im Einzelnen vielfach überholt sein muss. Immer bleibt er es, welcher durch Unterscheidung zweier Hauptprovinzen des grossen Oceans und einer abgesonderten Gruppe von Inseln zuerst einige Klarheit in das die oceanische Inselwelt bewohnende Völkergemisch brachte. Der heute als Mikronesien von Polynesien abgetrennte, mit CHAMISSO's erster Provinz sich deckende Theil ist nach Hrn. BASTIAN's Urtheil, der 1881 zur hundertjährigen Geburtstagsfeier CHAMISSO's sein Andenken in der anthropologischen Gesellschaft erneuerte,[31] wesentlich durch ihn bekannt geworden, so dass bis zu Hrn. SEMPER's Aufenthalt auf den Palau-Inseln und Hrn. FINSCH's Reisen in die Südsee zu CHAMISSO's Berichten in der Hauptsache nicht viel hinzugekommen war. Auch im Norden hat CHAMISSO über die Verwandtschaft zwischen den asiatischen Tschuktschen einerseits, andererseits den amerikanischen Eskimo werthvolle Andeutungen gegeben.

Das allgemeine Ergebniss seines Studiums sowohl der Geschichte wie der Natur, wie er selber es ausspricht, ist, freilich wieder im Gegensatz zu heute siegreichen Anschauungen, dass er sich den Menschen sehr jung auf dieser alten Erde vorstellt. Er lässt ihn von seiner Wiege, dem Rücken Asiens, herabsteigen, nach allen Seiten vorschreitend das feste Land in Besitz nehmen; im Westen über Afrika sich verbreiten, wo die Sonne die Neger färbt, wie auf den östlichen, unter der Linie gelegenen Ländern die Papua unter gleicher Einwirkung dieselbe Veränderung erleiden, oder vielleicht mit dem Afrikaner zu Einem Stamme gehören. Die Beringsstrasse überschreitend lässt er ihn Amerika bevölkern, ohne die Möglichkeit ganz in Abrede zu stellen, dass Südamerika auch von Westen her zu Schiffe erreicht worden sei.

Aber wenn Chamisso's anthropologische Aufstellungen in mancher Hinsicht veraltet erscheinen, so sind dagegen seine ethnographischen Schilderungen von unvergänglichem Werthe, sofern er von den menschlichen Zuständen auf den oceanischen Inseln mit Liebe und Sorgfalt ein lebendiges und farbenreiches Bild entworfen hat, welches nicht übertroffen werden kann aus dem einfachen Grunde, dass das Urbild unwiederbringlich verloren ist. Mit Seherblick hat Chamisso die Vernichtung dieser so überaus anziehenden Cultur bei ihrer Begegnung mit dem schrecklichen weissen Menschen vorhergesagt, eine Weissagung die nur zu sicher grösstentheils schon eingetroffen ist. Er wusste wohl was er that, als er von Sitten und Gebräuchen, Religionsbegriffen und Aberglauben, Sagen und Liedern, Trachten und Waffen, Geräthen und Seefahrzeugen beschrieb, aufzeichnete und dem Gedächtniss erhielt was er irgend konnte, und nach seiner Heimkehr hat er wiederholt, eindringlich und laut, den Warnungsruf erhoben zur schleunigen Bergung der hier noch vorhandenen, mit unvermeidlichem Untergang bedrohten Schätze. Man erkennt den Dichter in dem schönen Gleichniss, in welches er seine Trauer kleidet: „Alle Schlüssel zu „einem der wichtigsten Räthsel, welches die Geschichte „des Menschengeschlechtes in seinen Wanderungen auf „der Erde darbietet, werden von uns selbst, in der „Stunde, wo sie in unsere Hände gegeben sind, in das „Meer der Vergessenheit versenkt."

Erst in ungleich jüngerer Zeit, als es meist schon zu spät war, hat man angefangen, im Sinne seiner Mahnungen zu handeln. Wir selber haben mit den Mitteln der Humboldt-Stiftung für Naturforschung und Reisen Hrn. Dr. Otto Finsch nach jenen Gegenden entsendet, welcher leider durch die neuen, ihm von der Deutschen Colonialpolitik gestellten Aufgaben bisher verhindert wurde, die Ergebnisse seiner langjährigen Forschungen zu veröffentlichen. Zu einem noch weniger erfreulichen Zweck, als um die letzten Trümmer autochthoner Cultur zu retten, haben wir mit den Mitteln derselben Stiftung einen anderen Reisenden nach den Sandwichinseln entsendet, und in nichts kann wohl greller der Umschwung sich kundgeben, der seit Chamisso's Tagen dort vor sich ging. Wo Chamisso den von ihm höchlich bewunderten alten König und Helden Tameiameia[32] sein blühendes Inselvolk patriarchalisch beherrschen sah wie Alkinoos seine Phaeaken, kämpft unter dessen jetzigem Nachfolger Kalakaua I. eine völlig europäisch organisirte Regierung wider eine furchtbare, die Eingeborenen heimsuchende Seuche, den aus Europa fast verschwundenen mittelalterlichen Aussatz, zu dessen Beobachtung sich Hr. Dr. Eduard Arning nach Honolulu begab.[33] An Stelle des lieblichen Dorfes unter Palmbäumen am Seegestade, in welchem Tameiameia auf einer erhabenen Terrasse, von seinen Weibern umringt, in volksthümlich malerischer Tracht, dem rothen Maro und der schwarzen Tapa, die Herren vom Rurik empfing, trifft heute der Reisende eine wohlgebaute Stadt mit reichen Kaufläden, elektrischer Beleuchtung, Fernsprecheinrichtung und Strassenbahn.

Vielleicht etwas unter dem Einfluss Rousseau'scher Ideen entbrennt Chamisso in fast schwärmerischer Neigung für die schönen, heiteren, sanften Menschen auf den seligen Eilanden der Südsee, besonders der Radakkette. Er hat nicht Worte des Preises genug für den natürlichen Adel der Männer, die züchtige Anmuth der liederreichen Frauen von Radak. Bitter tadelt er die thörichte Ueberhebung der Scheincivilisation, welche diese Menschen Wilde schilt. Mit einem besonders verständigen Manne, der nach der Gruppe Aur der Radakkette verschlagen sich dem Rurik anvertraute, um zu seiner heimathlichen Inselgruppe Ulea, einer der Carolinen, zurückzugelangen, schliesst CHAMISSO sogar einen nach unserem heutigen Geschmack etwas zu empfindsamen Freundschaftsbund. KADU, so hiess dieser Mann, machte wirklich die Reise nach dem Norden mit, verliess aber den Rurik und blieb auf der Insel Otdia der Radakkette, als die Expedition diese zum letzten Male berührte. Er spielt in CHAMISSO's Berichten eine wichtige Rolle, indem er, eine Art ODYSSEUS der Südsee, über eine Menge von Fragen anders gar nicht zu erlangende Auskunft zu geben vermochte. CHAMISSO beklagt schmerzlich, durch KADU's plötzlich veränderten Entschluss der Gelegenheit beraubt worden zu sein, sich weiter von ihm unterrichten zu lassen.

Unschätzbare Dienste leistete nämlich KADU bei den sprachwissenschaftlichen Forschungen, denen CHAMISSO mit erstaunlichem Eifer und Fleiss, und mit unverkennbarer Befähigung auch für dieses Gebiet oblag. Zwar lernte CHAMISSO während der drei Jahre, welche er an Bord des Rurik zubrachte, nicht Russisch, und bis an sein Ende verrieth mancher Gallicismus den

Ausländer;[34] doch lässt die Art, wie er neben seiner Muttersprache die deutsche Sprache in Prosa und in Versen handhabte, keinen Zweifel an seinem ausserordentlichen Sprachtalent. Mit dem Englischen sahen wir ihn schon in Coppet beschäftigt; Spanisch hatte er gelernt, „um den Don Quixote in der Ursprache zu lesen". Beides kam ihm natürlich auf der Reise sehr zu Statten. Hier bewährte sich aber diese Begabung vorzüglich in der ungemeinen Leichtigkeit, mit welcher er alsbald mit den verschiedenen Völkerschaften sich zu verständigen wusste, die der Rurik auf seinen Kreuz- und Querfahrten antraf. Seine 'Bemerkungen und Ansichten' enthalten ein reiches Vocabularium von drei polynesischen Dialekten, darunter dem der Radakkette, wie auch Proben der Radak'schen Volksdichtungen; wobei er sich mit dem seitdem so vielfach erörterten Problem der phonetischen Transscription auf seine Weise abzufinden verstand. Auch auf Luçon, wo die zum malayischen Sprachstamm gehörige Sprache der Tagalen schon schriftlich festgestellt war, setzte er diese Studien fort, und brachte in kurzer Zeit eine tagalische Bibliothek zusammen, die er für eine seiner werthvollsten Erwerbungen hielt. Als in der Nacht vom 3. zum 4. Juli 1822 eine Feuersbrunst das von ihm in Neu-Schöneberg bewohnte Haus zerstörte, war nach dem Leben der Seinigen diese tagalische Bibliothek das Erste was er zu retten suchte, und er eilte, sie vor ähnlichen Gefahren zu sichern, indem er sie der Königlichen Bibliothek schenkte. Im Einklang mit seiner Ueberzeugung von der Einheit des Menschengeschlechtes glaubte er übrigens auch in der Sprachwissenschaft an einen einheitlichen Ursprung aller Sprachen; in auffallendem Gegensatz, wie mir Hr. Max Müller brieflich bemerkt, zu seiner in der Naturwissenschaft das Specifische so stark betonenden Denkweise.

Eine linguistische Episode, welche Chamisso erzählt, hat vielleicht in diesem Augenblick ein gewisses Tagesinteresse. Schon herrschte auf Tahiti die sonderbare Sitte, dass bei dem Antritt eines neuen Regenten und ähnlichen Gelegenheiten Wörter aus der gemeinen (nicht der älteren liturgischen) Sprache gänzlich verbannt und durch neue ersetzt wurden. Durch solche willkürlichen Veränderungen war es dazu gekommen, dass die Eingebornen von Tahiti und die von Hawaii einander nicht mehr verstanden. Gegen das Jahr 1800 ersann aber jener gewaltige Beherrscher der Sandwichinseln, Tameiameia, bei der Geburt eines Sohnes eine ganz neue Sprache, und fing an sie einzuführen. Die neuerfundenen Wörter waren mit keinen Wurzeln der gangbaren Sprache verwandt, selbst die Partikeln wurden dergestalt umgeschaffen. Es heisst, dass mächtige Häuptlinge, denen diese Neuerung missfiel, das Kind, welches dazu Veranlassung gab, mit Gift aus dem Wege räumten. Bei dessen Tode wurde dann aufgegeben, was bei seiner Geburt unternommen worden war; die alte Sprache wurde wieder angenommen, und die neue vergessen, so dass CHAMISSO nur noch einzelne Brocken davon vorfand.

CHAMISSO lernte damals die Sprache von Hawaii zum nothdürftigen Verständniss innerhalb eines engen Kreises von Begriffen mit den Eingeborenen sprechen; noch war kein Versuch gemacht worden, sie der Schrift anzuvertrauen. Als er um die Mitte der dreissiger Jahre, kurz vor seiner Wahl in die Akademie, seine Reiseerinnerungen behufs einer neuen Ausgabe wieder durchging, war die Hawaiische Sprache zu einer Büchersprache geworden, und es hätte keines Kindermordes mehr bedurft, um sie von einer künstlichen Nebenbuhlerin zu befreien. Schon hatte die Hawaiische Presse Druckschriften genug geliefert, um ein gründliches Sprachstudium zu ermöglichen. WILHELM VON HUMBOLDT schickte sich an, im Verfolg seines grossen Werkes über die Kawi-Sprache auf der Insel Java Licht über die polynesischen Sprachen zu verbreiten, als der Tod ihn abrief in denselben Tagen, wo CHAMISSO's Wahl in der Classe schwebte. In seiner Reise und in seinen früheren Versuchen glaubte nunmehr CHAMISSO den Beruf zu erkennen, seine letzte Kraft daran zu setzen, dieses Feld der Sprachforschung urbar zu machen. Er unternahm es, aus den ihm vorliegenden Büchern die Hawaiische Sprache zu erlernen, und setzte sich vor, eine Grammatik und ein Wörterbuch dieser Sprache zu verfassen. Er behielt sich schliesslich vor, nachdem er sie sich angeeignet, sie mit andern Sprachen oder Mundarten desselben Stammes zu vergleichen, welche durch Druckschriften, Grammatiken und Vocabularien zugänglich geworden seien. Als Vorarbeit zu diesem umfangreichen Werke aber las er in der Akademie, kurz vor seinem eigenen Tode, die eingangs erwähnte Abhandlung.[35]

So haben wir den Kreis geschlossen, welcher CHAMISSO's wissenschaftliche Arbeit umfasst. Aus einer überwältigenden Fülle einzelner Wahrnehmungen, Bemerkungen, Ergebnisse konnte hier nur ein verschwindend kleiner Theil zur Erläuterung seiner Art von Thätigkeit hervorgehoben werden. Betrachtet man diese Thätigkeit in ihrer Gesammtheit, so muss man zunächst wohl zugeben, dass seine Stärke nicht in der Richtung strenger theoretischer Zergliederung lag: nicht zu verwundern, wenn man seinen Bildungsgang und den damaligen Zustand der theoretischen Naturforschung in Deutschland bedenkt, die eben erst anfing, von der entnervenden Umstrickung der Naturphilosophie sich zu erholen. Sondern das Charakteristische und wahrhaft Bewundernswerthe in CHAMISSO's wissenschaftlicher Thätigkeit ist sein die ganze Erscheinungswelt mit gleicher Liebe, Frische und Spannkraft umfassendes Vermögen: von dem Gestein, welches unter seinem geologischen Hammer erklang, dem Heu, wie er seine getrockneten Lieblinge gern bescheidentlich nannte, dem Meeresgewürm, welches ihm eins seiner wunderbarsten Geheimnisse verrieth, bis hinauf zu jenem erhabensten Naturerzeugniss, als welches der Mensch der objectiven Forschung sich darstellt, betrachte man ihn als einzelnes, dem Thiere verwandtes Lebewesen, als werkzeugmachendes, feuergebrauchendes, geselliges Geschöpf, oder in seiner höchsten Äusserung, der ihn erst zum Menschen schaffenden Sprache. Mit gesunden regen Sinnen, mit stets bereiter Thatkraft steht CHAMISSO den natürlichen Dingen gegenüber, legt unverdrossen Hand an zu jeder Art von Beobachtung, und bildet sich seine Vorstellungen ohne vorgefasste Meinung mit strenger Beschränkung auf das thatsächlich Erkannte. So war er, auch wo naturgemäss seine Einzelangaben überholt sind, oder seine allgemeinen Anschauungen hinter unseren heutigen Einsichten zurückbleiben, ganz und voll ein Naturforscher im besten Sinne des Wortes, und das zu einer Zeit, da man sie — es ist schmerzlich auszusprechen, kann aber der Warnung halber nicht oft genug wiederholt werden —

in dem durch die Naturphilosophie hypnotisirten Deutschland mit der Leuchte suchen musste. Chamisso selber hielt sich sogar in erster Linie für einen Naturforscher; an seinem Dichterberuf zweifelte er noch als längst der laute Beifall der Nation ihm den Lorber zugesprochen hatte. Heute, wo nach einem halben Jahrhundert sein Dichterruhm unbestritten feststeht, könnte höchstens die Frage sein, ob er als Dichter oder als Forscher bedeutender war, wenn nicht solche Grössen unvergleichbar wären. Sicher ist Eines: vergegenwärtigt man sich neben den im Vorigen flüchtig überblickten wissenschaftlichen Leistungen Chamisso's die dichterischen Gaben, welche er, den 'Schlemihl' ausgenommen, fast alle erst nach der Rückkehr von seiner Reise in gedrängter Reihe und steigender Vollendung ausschüttete; erinnert man sich, wie er ein Bindeglied darstellt zwischen der deutschen Lyrik und Béranger, den er nach König Friedrich Wilhelm's IV. Ausdruck nicht sowohl übersetzt als verdeutscht; wie er die Terzine zu einem deutschen Versmaasse macht; wie er als exotischer Naturschilderer einerseits Bernardin de Saint-Pierre und Chateaubriand die Hand reicht, andererseits Freiligrath vorbereitet: so kann man nicht umhin, in ihm eine der seltensten litterarischen und wissenschaftlichen Gestalten anzuerkennen, mit Alexander von Humboldt einen der Letzten, in denen die heute zu lauter Einzellichtern zerstreuten mannigfaltigen Farbenstrahlen des menschlichen Geistes noch zu einem in reinem Weiss erglänzenden Gestirn harmonisch verschmolzen waren.

Vielen von Denen, die künftig an seinem Marmorbilde vorübergehen, wird wohl 'Peter Schlemihl', 'Schloss Boncourt', 'Salas y Gomez' vor dem inneren Sinn aufsteigen. Einige werden an den Botaniker und Ethnologen Chamisso, an die Salpen und an die Koralleninseln denken. Am tiefsten innerlich grüssend werden die Wenigen ihm sich neigen, die gleich ihm, in einer eisernen Zeit und inmitten ernster Erforschung des Wirklichen, sich doch noch in Gemüth, Phantasie und Geist eine Stätte für das Allgemeinmenschliche, das Schöne und das Ideale bewahrt haben.

Anmerkungen.

Die Rede erschien zuerst in den Sitzungsberichten der Akademie, 1888, Hlbbd. II. S. 675 ff., dann in der Deutschen Rundschau, 1888, Bd. LVI. S. 329 ff.

1 (S. 8). In POGGENDORFF's biographisch-literarischem Handwörterbuch zur Geschichte der exacten Wissenschaften u. s. w., Leipzig 1863, steht irriger Weise „seit 1836 Mitglied der Akademie der Wissenschaften".

2 (S. 8). Die Enthüllung des Denkmals fand erst am 29. October statt.

3 (S. 9). CHAMISSO's Leben und Briefe, herausgegeben von HITZIG, bilden den fünften und sechsten Band von CHAMISSO's Werken (Leipzig 1842, 2. Aufl.).

4 (S. 10). Reden von E. DU BOIS-REYMOND. Zweite Folge. U. s. w. Leipzig 1887. S. 69.

5 (S. 14). Linnaea, Ein Journal für die Botanik u. s. w. Bd. XIII. 1839. S. 95.

6 (S. 16). Reden u. s. w. A. a. O. S. 531.

7 (S. 19). CHAMISSO lässt irriger Weise NAPOLÉON auf dem 'Bellerophon' nach St. Helena bringen. Werke, Bd. I. S. 30.

8 (S. 20). *The Life and Letters of* CHARLES DARWIN, *including an autobiographical Chapter. Vol. I. London* 1888. *p.* 36. 110.

9 (S. 21). *Voyage pittoresque autour du Monde avec des Portraits de Sauvages etc. Paris* 1822. *Fol.*

10 (S. 22). Die 'Reise um die Welt' füllt den ersten Band der 'Werke' CHAMISSO's, die 'Bemerkungen und Ansichten', aus dem KOTZEBUE'schen Reisewerke (s. unten Anm. 23) abgedruckt, bilden den zweiten Band. Der sechste Band enthält noch eine Reihe während der Reise an HITZIG geschriebener Briefe.

11 (S. 23). Reden u. s. w. Erste Folge. U. s. w. S. 11. 16.

12 (S. 23). Werke, Bd. I. S. 344.

13 (S. 24). Uebersicht der nutzbarsten und der schädlichsten Gewächse, welche wild oder angebaut in Norddeutschland vorkommen. Nebst Ansichten von der Pflanzenkunde und dem Pflanzenreiche. Berlin 1827.

14 (S. 24). Linnaea, a. a. O. S. 93—112.

15 (S. 26). Ein Zweifel und zwei Algen. In den Verhandlungen der Naturforschenden Freunde zu Berlin. 4°. 1829. Bd. I. S. 173. Tab. V.

16 (S. 28). Werke, Bd. I. S. 43. — *De animalibus quibusdam e classe vermium Linnaeana in circumnavigatione terrae . . . observatis etc. Fasc. I. De Salpa. Berolini* 1819. 4°.

17 (S. 30). STEENSTRUP, Ueber den Generationswechsel oder die Fortpflanzung und Entwickelung durch abwechselnde Generationen u. s. w. Uebersetzt von LORENZEN. Copenhagen 1842. S. x. 33—44.

18 (S. 31). J. R. FORSTER's Bemerkungen auf seiner Reise um die Welt gesammlet. Uebersetzt von GEORG FORSTER. Berlin 1783. S. 128.

19 (S. 32). QUOY und GAIMARD, die Zoologen der

'Uranie' auf ihrer Weltumsegelung unter FREYCINET 1818 bis 1820, hatten den ältesten Anspruch auf die Kraterhypothese, als FRIEDRICH HOFFMANN in den nach seinem Tode unter dem Titel 'Physikalische Geographie' herausgegebenen Vorlesungen aus den Jahren 1834 und 1835 leider ohne jeden litterarischen Nachweis behauptete, dass STEFFENS schon viel früher diese Hypothese geäussert habe (A. a. O. S. 133). Von hier übertrug POGGENDORFF, gleichfalls ohne litterarische Begründung, dieselbe Angabe in seine gelehrte und lichtvolle Darstellung der DARWIN'schen Theorie der Koralleninseln (Annalen u. s. w. 1845. Bd. LXIV. S. 590). Ich habe indess die Stelle bei STEFFENS wirklich aufgefunden. In der 'Anthropologie' (Breslau 1822) sagt er Bd. I. S. 320: „Wie die Korallen ihren stets wechselnden „Bau an die über das Meer hervorragenden Basaltberge „anschlossen, so auch an die Ränder der aus der Tiefe „hervorragenden Basaltberge, welche die Oberfläche des „Meeres nicht erreichten. Die eingestürzten Krater in der „Mitte dieser Berge bilden die Lagunen, die daher durchgängig Meerwasser enthalten. So entstanden die soge„nannten niedrigen Inseln.“ QUOY und GAIMARD sprachen erst 1823, in einem in der Pariser Akademie am 14. Juli gelesenen *Mémoire* die Kraterhypothese aus, welche sie übrigens auch nicht auf ihre eigene Anschauung, sondern auf die KOTZEBUE'schen Karten gründeten (*Annales des Sciences naturelles. t. III. Paris* 1825. *p.* 289. *Note*). STEFFENS ist also in der That vor ihnen in der Priorität, doch nicht um so viel, wie man nach HOFFMANN vermuthen sollte. Auf QUOY und GAIMARD folgt erst in weitem Abstande der Geograph Sir JOHN BARROW, welcher in der

Einleitung zu einem am 24. Januar 1831 der Londoner Geographischen Gesellschaft mitgetheilten Reisebericht des Lieutenants KENDAL von der Kraterhypothese sagt, dass er schon vor vielen Jahren darauf geführt worden sei (*The Journal of the Royal Geographical Society of London for* 1830—31. *Vol. I.* 1832. *p.* 62): In dieselbe Zeit fällt Captain BEECHEY's Beschreibung seiner in den Jahren 1825—28 ausgeführten Reise (*Narrative of a Voyage to the Pacific and Beering's Strait etc. London* 1831. 4°.), worin ebenfalls die Kraterhypothese vorgebracht und angenommen wird (*P. I. p.* 192). Endlich in der ersten Ausgabe des zweiten Bandes der *Principles of Geology* (*London* 1832. *p.* 290) bemächtigte sich CHARLES LYELL der, wie man sieht, nicht mehr ganz jungfräulichen Hypothese, und verlieh ihr dadurch eine gewaltige Stütze, liess sie aber mit den Worten: „*I must give up my vulcanic theory for ever, though it cost me a pang at first*" ohne Weiteres wieder fahren, sobald er DARWIN's Anschauung kennen lernte (Brief von LYELL an JOHN HERSCHEL vom 24. Mai 1837 in: *Life, Letters and Journals of Sir CHARLES LYELL etc. London* 1881. *Vol. II. p.* 12).

20 (S. 34). DARWIN theilte seine Theorie zuerst im Mai 1837 der Londoner Geographischen Gesellschaft mit. Vollständig entwickelt findet sie sich in: *The Structure and Distribution of Coral Reefs* (*May* 1842), als einem Theile der *Geological Observations etc. Being the Geology of the Voyage of the Beagle etc. London* 1851. *Part I;* wie auch im *Journal of Researches etc.* 2^d^ *Ed. London* 1845. *p.* 465 *sq.*

21 (S. 35). MURRAY's Abhandlung findet sich in den *Proceedings of the Royal Society of Edinburgh. Vol. X.*

1879—1880. *No.* 107, *p.* 505 *sq.* — Die jüngste ausführliche Arbeit über die Atollfrage ist von G. C. BOURNE: *The Atoll of Diego Garcia and the Coral Formations of the Indian Ocean*, in den *Proceedings of the Royal Society of London. Vol. XLIII. No.* 264 (*March* 22, 1888), *p.* 440 *sq.* — Die Zeitschrift '*Nature*' hat während der letzten Jahre eine ununterbrochene Reihe von Mittheilungen über diesen Gegenstand gebracht. Eine den gegenwärtigen Stand der Dinge bündig zusammenfassende Darlegung gab daselbst Mr. H. B. GUPPY in der Nr. 959 vom 15. März 1888. Vol. XXXVII. p. 462.

22 (S. 37). W. AINSWORTH, *Analysis of Captain BEECHEY's Voyage* in: *The Journal of the Royal Geographical Society of London etc. vol. I.* 1832. *p.* 218; — LYELL, *Principles of Geology. vol. II. London* 1832. *p.* 284; — HOFFMANN, physikalische Geographie u. s. w. S. 131. 132; — DARWIN, *The Structure and Distribution of Coral Reefs etc. l. c. p.* 63. 89; — *Journal of Researches etc. p.* 467; — POGGENDORFF a. a. O. S. 585; — GUPPY, *Nature, l. c.* — Vergl. auch noch Anm. 25.

23 (S. 39). Entdeckungsreise in die Süd-See und nach der Berings-Strasse . . . unter dem Befehle . . . des Lieutenants . . . von KOTZEBUE. Weimar 1821. 4°. Bd. III. S. 31. 107; — Werke, Bd. II. S. 41. 185; — *Notice sur les îles de corail du Grand Océan.* Werke, Bd. II. S. 347 (Aus CHORIS' *Voyage pittoresque* abgedruckt).

24 (S. 40). Entdeckungsreise u. s. w. Bd. III. S. 187.

25 (S. 42). Physikalische Abhandlungen der Königl. Akademie der Wissenschaften zu Berlin. Aus dem Jahre 1832. Berlin 1834. 4°. S. 398. 421.

26 (S. 42). Werke, Bd. I. S. 1. 2; — Bd. II. S. 347.

27 (S. 42). A. a. O. Bd. XLI. S. 22. — Hier hat EHRENBERG die Stelle auf S. 398 der Abhandlungen (s. oben Anm. 25) dahin geändert, dass er den Aufsatz ESCHSCHOLTZ zuschreibt. Auf S. 255 der Annalen, welche S. 421 der Abhandlungen entspricht, hat er die Aenderung zu machen vergessen. In seinem oben Anm. 19 erwähnten Aufsatz über die Koralleninseln hat POGGENDORFF EHRENBERG's Selbstberichtigung übersehen. A. a. O. S. 577 lässt er sich durch einige schwungvolle Worte in ESCHSCHOLTZ's Beschreibung täuschen, und erkennt darin CHAMISSO's poëtische Ader.

28 (S. 44). KARSTEN's Archiv für Bergbau und Hüttenwesen. 1822. Bd. V. S. 253 ff.; — 1824. Bd. VIII. S. 129 ff.; — 1826. Bd. XI. S. 3 ff.

29 (S. 44). Werke, Bd. I. S. 124. 125; — Bd. II. S. 300. 301. Anm.

30 (S. 45). POGGENDORFF's Annalen u. s. w. 1831. Bd. XXII. S. 457.

31 (S. 46). Zeitschrift für Ethnologie. Organ der Berliner Gesellschaft für Anthropologie u. s. w. Bd. XIII. 1881. S. 56 (der Verhandlungen).

32 (S. 49). Die amtlich angenommene Schreibweise ist gegenwärtig KAMEHAMEHA I.

33 (S. 49). Sitzungsberichte der Berliner Akademie. 1886. Zweiter Hlbbd. S. 1141.

34 (S. 51). Werke, Bd. VI. S. 175. — DANIEL SANDERS, Eigenthümlichkeiten und Eigenheiten in CHAMISSO's Sprache. National-Zeitung vom 2. November 1888. Nr. 579;

— vom 13. November. Nr. 597; — vom 16. November. Nr. 603.

35 (S. 54). Philosophische, philologische und historische Abhandlungen der Königl. Akademie der Wissenschaften zu Berlin. Aus dem Jahre 1837. Berlin 1839. S. 1 ff.; — auch als Sonderabdruck in Leipzig. 1837. 4°. — Vergl. Werke, Bd. VI. S. 303 ff.

FSC
www.fsc.org
MIX
Papier | Fördert gute Waldnutzung
FSC® C083411

Zeitfracht Medien GmbH
Ferdinand-Jühlke-Straße 7
99095 Erfurt, Deutschland
produktsicherheit@kolibri360.de